葡萄酒趣味测试

〔法国〕索菲·格勒卢 编著　殷芹 译

译林出版社

问 题

1.“当我的酒杯是空的时，我将它倒满酒；当我的酒杯是满的时，我将它喝空。”这句话出自下面哪个人？

A 拉乌尔·蓬雄

B 贝尔纳·皮沃

C 杰拉尔·德帕迪约

2. 勃艮第地区的白葡萄是什么品种？

A 苏维翁

B 霞多丽

C 白皮诺

3. 我们将葡萄酒带有的熏烤气味称为什么？

A 水果气味

B 植物气味

C 烧焦气味

4. 博若莱新酒节于哪一天举办？

A 九月的第一个星期四
B 十月的第三个星期四
C 十一月的第三个星期四
D 十一月的第二个星期四

5. “Botrytis cinerea”是什么？

A 葡萄树所患的一种疾病
B 一种真菌
C 一种葡萄品种

6. 标有“古尔-舍维尼产区”的葡萄酒是用什么品种的葡萄酿造的？

A 苏维翁
B 诗南
C 罗莫朗坦

7. 佐竹城是谁?

A 日本漫画《美酒贵公子》的主人公

B 一种日本清酒的商标

C 日本漫画《神之水滴》的主人公

8. 下面维克-比勒-帕歇汉克酒庄名称的拼写哪个是对的?

A Pacherenc-du-vic-bilh

B Pacherrenc-du-vic-bilh

C Pacherenc-du-vic-bihl

9. VDN 指什么?

A Vin de noix 干果葡萄酒

B Vin doux naturel 自然甜葡萄酒

C Vigne du Nord 北部葡萄

10. 在罗马掌管葡萄酒的神灵叫什么?

A 狄俄尼索斯
B 墨丘利
C 巴克斯

11. 下列哪一种不属于阿尔萨斯贵腐葡萄品种?

A 雷司令
B 西万尼
C 琼瑶浆
D 麝香葡萄
E 灰皮诺葡萄

12. 谁是《我的葡萄酒之路》的作者?

A 科米特·兰什
B 雅克·皮塞
C 休·约翰逊

13. 佳美葡萄是摩根法定产区葡萄酒所用品种吗?

A 对

B 错

14. 下列哪一款是苏玳地区唯一的特制极品葡萄酒?

A 芝路酒庄葡萄酒

B 伊甘酒庄葡萄酒

C 巴雷佳产区葡萄酒

15. 罗曼尼-康帝酒庄葡萄园的种植面积是多少?

A 3.2 公顷

B 1.8 公顷

C 2.6 公顷

16. 玻玛葡萄种植区位于以下哪个地区？

A 伯恩丘产区

B 罗讷河谷产区

C 夜丘产区

17. 除了加利福尼亚州，哪里还种植仙粉黛葡萄？

A 法国

B 南非

C 德国

18. 以下哪个葡萄产区属于卢瓦尔河谷产区？

A 普伊-飞赛

B 普伊-富美

C 普伊-楼榭

19. 下列哪部电影使黑皮诺葡萄风行一时？

A 《带枪的叔叔们》

B 《杯酒人生》

C 《美酒家族》

20. 香槟酒瓶上的“Brut nature”标识指什么？

A 这种香槟是纯汁葡萄酒

B 这种香槟没有添加任何糖分

C 这种香槟没有气泡

21. 标有酿造年份的香槟是？

A 只用某一年收获的葡萄酿造的香槟

B 只用同一种葡萄酿造的香槟

C 用奥布省的葡萄酿造的香槟

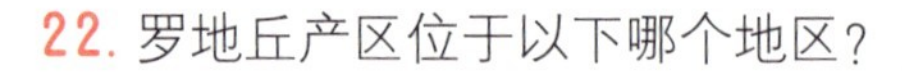

22. 罗地丘产区位于以下哪个地区？

A 北罗讷河谷

B 南罗讷河谷

23. 香甜型葡萄酒的含糖量为多少？

A 每升8 ~ 20 g之间

B 每升30 ~ 50 g之间

C 每升60 ~ 90 g之间

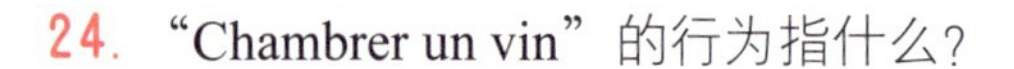

24. “Chambrer un vin”的行为指什么？

A 将葡萄酒倾斜放在酒窖中

B 将木塞拔掉使葡萄酒保持通风

C 将葡萄酒从酒窖中取出，放在常温室内，使其温度与室温持平

25. 种植在哪种类型土壤上的霞多丽葡萄品质最好?

A 沙砾

B 黏土

C 白垩

26. 以下哪个产区拥有著名的“启莫里阶”型土壤?

A 夏布利

B 桑塞尔

C 两海之间

27. 夏普塔尔发明了什么?

A 葡萄酒工艺学

B 法定产区葡萄酒

C 酿酒时在葡萄汁中加糖的工艺

28. INAO（国家原产地名称局）全称是什么？

A Institut national des appellations d'origine

B Institution nationale des aides œnologiques

C Institut national de l'appellation originale

29. “我的生活离不开香槟。胜利之时，它是我应得的；失败之时，它是我需要的。”这句名言出自以下哪个人？

A 路易十四

B 拿破仑

C 丘吉尔

30. 葡萄酒是一种什么样的饮料？

A 蒸馏过的

B 用巴斯德法灭菌过的

C 发酵过的

31. 香槟产区可以用白葡萄和红葡萄混合酿造葡萄酒。

A 对

B 错

32. 饮用香槟较好的温度应该保持在?

A 6～8℃之间

B 8～10℃之间

C 10～12℃之间

33. 下列哪一种不是甜白葡萄酒?

A 博讷左葡萄酒

B 勃艮第阿里高特葡萄酒

C 苏西尼涅克葡萄酒

34. 葡萄酒瓶上标注的"SGN"指什么？

A　Sagesse, générosité, nature　智慧、慷慨、自然

B　Sélection de grains nobles　精选贵腐葡萄酒

C　Société générale du négoce　批发公司

35. 根瘤蚜虫是什么？

A　一种真菌

B　一种昆虫

C　一种葡萄品种

36. 詹姆斯·邦德在1980年前喝的是以下哪一种香槟？

A　唐·培里侬香槟

B　勒德雷尔水晶香槟

C　库克罗曼尼钻石香槟

37. 从1945 年起，木桐–罗斯柴尔德酒庄每年都会更换葡萄酒标签。

A 对

B 错

38. 下列哪一种葡萄酒被命名为“国王的葡萄酒，葡萄酒的国王”？

A 苏玳葡萄酒

B 香槟

C 托卡依葡萄酒

39. 法国南特白葡萄酒是用什么品种的葡萄酿造的?

A 白福儿葡萄

B 大派葡萄

C 白寡妇葡萄

40. Château Beychevelle（龙船庄）中“Beychevelle”一词指什么？

A 铲除葡萄树

B 降下船帆

C 美丽的船帆

41. 在阿梅莉·诺冬的哪一本书中，两个男主人公经常喝香槟？

A 《独断》

B 《诚惶诚恐》

C 《杀手保健》

42. 我们可以形容一种葡萄酒“带有黄油味”。

A 对

B 错

43. 果酸发酵指什么？

A 果酸转变为乳酸的过程

B 糖分转变为酒精的过程

C 乳酸转变为果酸的过程

44. “法国1855 年葡萄酒庄分级”是在以下哪一种背景下确定的?

A 巴黎世博会

B 为了向波德莱尔《恶之花》的问世致敬

C 为了欢迎维多利亚女王来到巴黎

45. 葡萄的果梗是什么?

A 支撑葡萄的部分

B 葡萄皮

C 葡萄核

46. 酒窖的理想温度是多少度？

A　在5～8℃之间

B　在10～12℃之间

C　在14～16℃之间

47. 白葡萄酒是只用白葡萄酿造成的葡萄酒。

A　对

B　错

48. 酿造1L葡萄酒需要多少葡萄？

A　0.5～0.8kg葡萄

B　1.3～1.5kg葡萄

C　2～2.5kg葡萄

49. 下列哪个葡萄酒产区不属于罗讷河谷产区？

A 摩根
B 教皇新堡
C 塔维尔

50. “青霉素能治愈人类的疾病，但是，只有酒能带给人们幸福。”这句话出自以下哪个人物？

A 路易·巴斯德
B 亚历山大·弗莱明
C 让·夏普塔尔

51. “Vin non effervescent”是指？

A 静态葡萄酒
B 温和的葡萄酒
C 没有气泡的葡萄酒

52. “Jéroboam”这种大酒瓶的容量是多少？

A 2 L

B 3 L

C 5 L

53. 葡萄种植者的保护神是？

A 圣·保罗

B 圣·樊尚

C 圣·尼古拉

54. 汝拉黄酒节是指什么？

A 指一个重大的乡村节日，此时人们能够品尝黄葡萄酒

B 指在葡萄园的游玩

C 指打开一瓶葡萄酒的动作

55. 朗格多克地区的葡萄酒种植者大暴动发生在哪一年?

A 1903

B 1905

C 1907

56. 葡萄酒的主要成分是?

A 水

B 糖分

C 单宁酸

57. 富含单宁酸的葡萄酒是什么样的葡萄酒?

A 醇厚葡萄酒

B 发酵葡萄酒

C 陈年葡萄酒

58. 法国独一无二的只属于一个所有者的葡萄酒产区名是？

A 夏布利

B 格里耶堡

C 邦多勒

59. 用诗南葡萄能酿造出干型葡萄酒、香甜葡萄酒和利口酒。

A 对

B 错

60. “L’œnologie”指什么？

A 葡萄酒科学

B 葡萄酒酿造的方法

C 葡萄品种

61. 香槟葡萄酒瓶上的“RM”标志是什么意思?

A　Récolte manuelle　手工采集

B　Récoltant manipulant　独立香槟商

C　Remise minime　最小延迟

62. 亨利四世洗礼时用的哪一款葡萄酒?

A　桑塞尔葡萄酒

B　苏玳白葡萄酒

C　朱朗松葡萄酒

63. 下列哪一个是葡萄酒产区“香波-慕西尼”名称的正确拼写?

A　Chambolle-musigny

B　Chambolle-monsigny

C　Chambelle-montfort

64. 下列哪一个葡萄酒产区与武弗雷葡萄酒产区邻近?

A 吕利
B 蒙路易
C 安茹村

65. 卡农-冯萨克产区属于下列哪个大产区?

A 梅多克
B 利布尔讷
C 格拉夫

66. 博若莱白葡萄酒是用哪一种葡萄酿造而成的?

A 霞多丽葡萄
B 苏维翁葡萄
C 阿里高特葡萄

67. 帕拉蒂纳产区位于哪个国家?

A 意大利
B 西班牙
C 德国

68. 基尔酒是一种混合了什么的开胃酒?

A 混合了黑加仑与白葡萄酒
B 混合了石榴糖浆与红葡萄酒
C 混合了黑加仑与红葡萄酒

69. 普伊-富美葡萄酒产区位于以下哪条河流沿岸?

A 谢尔河
B 卢瓦尔河
C 厄尔河

70. 科尔通-查理曼产区只出产白葡萄酒。

A 对

B 错

71. 在保罗·塞尚的《玩牌的人》这幅画中，以下哪个物品居于画布中央？

A 开塞钻

B 酒瓶

C 酒桶

72. 玛歌酒庄的副牌酒叫什么？

A 红亭子

B 红寡妇

C 玛歌夫人

73. “Salmanazar”指什么?

A 克罗地亚的一种红葡萄酒

B 容量为9L的玻璃酒瓶

C 长颈瓶

74. 除了黑皮诺葡萄与霞多丽葡萄，香槟地区还用哪一种葡萄来酿造葡萄酒?

A 莫尼耶皮诺葡萄

B 灰皮诺葡萄

C 欧尼斯葡萄

75. 苏玳地区的葡萄酒不会用以下哪一品种的葡萄酿造?

A 赛美蓉葡萄

B 苏维翁葡萄

C 大满胜葡萄

76. 妮科尔–芭尔贝·彭莎登创建了一个著名的香槟酒品牌，这个品牌是？

A 酩悦香槟

B 辉纳尔香槟

C 凯歌香槟

77. “垂直品酒”是什么意思？

A 站着品尝葡萄酒

B 品尝同一种葡萄酒在不同年份的口感

C 用黑色酒杯品尝葡萄酒

78. 在教皇新堡产区可以使用多少种葡萄酿造葡萄酒？

A 3种

B 9种

C 13种

79. 在香槟地区，葡萄收获都是手工采摘。

A 对

B 错

80. 一种水果的“中果皮”指什么?

A 水果的茎

B 果肉

C 果核

81. 下列哪一种葡萄酒不是西班牙葡萄酒?

A 西施佳雅

B 莫尔卡多

C 维加西西里亚

82. 圣卢山葡萄酒产区属于哪一个葡萄种植区？

A 西南种植区

B 朗格多克-鲁西永种植区

C 萨瓦种植区

83. 伊甘酒庄没有哪个年份的葡萄酒？

A 1976

B 1988

C 1992

84. COT 葡萄品种的同义词是什么？

A 加本纳葡萄

B 西拉葡萄

C 马尔贝克红葡萄

85. 冰葡萄酒指什么？

A 冷藏在冰箱中的葡萄酒

B 用经过霜冻的葡萄酿造而成的葡萄酒

C 用长在高山地区的葡萄酿造而成的葡萄酒

86. 西拉葡萄是雌性葡萄品种。

A 对

B 错

87. 对于大仲马来说，葡萄酒保证的是一餐饭的哪个部分？

A 精神部分

B 物质部分

88. 白葡萄酒中的“白葡萄香槟”指什么?

A 只产自马恩河地区的香槟

B 只用霞多丽葡萄酿造的香槟

C 只用黑皮诺葡萄酿造的香槟

89. 博若莱葡萄酒中有多少款不同的葡萄酒类型?

A 4 款

B 8 款

C 10 款

90. 谁写了“喝酒是男人的本性”这句话?

A 拉伯雷

B 波德莱尔

C 大仲马

91. 用来制造瓶塞的软木取材自哪一种树木？

A 橡树
B 软木橡树
C 栗树

92. “喝下大炮”这个表达指什么？

A 喝下一大桶葡萄酒
B 喝一杯葡萄酒
C 喝一瓶葡萄酒

93. 黑皮诺葡萄是一种只能在勃艮第种植的葡萄品种。

A 对
B 错

94. 去梗指什么?

A 捣碎葡萄

B 将葡萄的葡萄果梗摘下

C 清洗葡萄

95. “香槟是唯一让女人喝过之后变得美丽的酒。”这句话出自?

A 科莱特夫人

B 曼特农侯爵夫人

C 蓬帕杜侯爵夫人

96. 科西嘉岛种植得最多的葡萄品种是?

A 涅露秋葡萄

B 神索葡萄

C 夏卡雷罗葡萄

97.

玛歌酒庄产的白葡萄名叫?

A 白城堡

B 白亭子

C 白色玛歌

98. 下面哪一个品牌的白葡萄酒产自罗曼尼-康帝酒庄?

A 普里尼-蒙哈榭

B 科尔通-查理曼

C 蒙哈榭

99. 以下哪个葡萄酒产区不属于夏隆内地区?

A 梅尔居雷

B 吉弗里

C 坎西

100. 弗龙通产区内最有名的葡萄品种是?

A　内格瑞特葡萄

B　佳美葡萄

C　苏兹拉鲁塞葡萄

101. 法国的葡萄酒大学位于什么地方?

A　波尔多

B　博讷

C　苏兹拉鲁塞

102. “In vino veritas”的意思是?

A　葡萄酒是真的

B　酒后吐真言

C　葡萄酒说真话

103. “霜霉病”指什么？

A 葡萄树所患的一种疾病

B 一种虫子

C 一种攀援植物

104. 罗曼尼-康帝酒庄属于哪个葡萄酒产区？

A 普里尼-蒙哈榭

B 沃森-罗曼尼

C 武若

105. 属于弗朗西斯·福特·科波拉的葡萄酒庄名称是什么？

A 尼伯姆

B 傲翁一号

C 多明纳斯

106. 一只勃艮第酒桶（Feuillette）的容量是多少？

A 126 L

B 136 L

C 146 L

107. 下列哪一个希腊作家是悲剧《酒神的伴侣》的作者？

A 欧里庇得斯

B 苏格拉底

C 柏拉图

108. VDQS（优良地区餐酒）全称是什么？

A Vin de qualité supérieure

B Vin délimité de qualité supérieure

C Vin dit de qualité supérieure

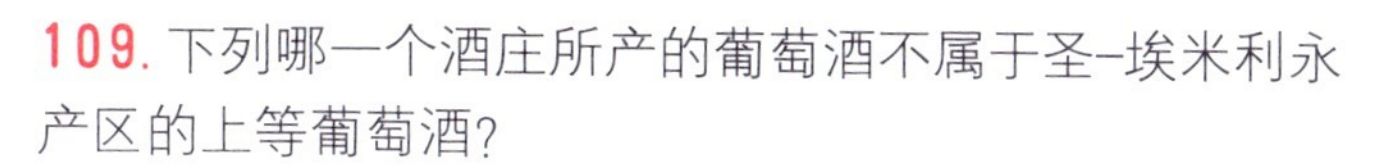
109. 下列哪一个酒庄所产的葡萄酒不属于圣-埃米利永产区的上等葡萄酒?

A 金钟酒庄

B 弗兰克酒庄

C 芳宝酒庄

110. 孔德里约产区的葡萄酒所用葡萄品种为以下哪一种?

A 维欧尼葡萄

B 白玉霓葡萄

C 玛珊葡萄

111. 罗塞特葡萄酒产区位于哪一个葡萄种植地区？

A 西南地区

B 罗讷河谷

C 波尔多

112. 葡萄皮上的红色物质花青素是什么?

A Anthocyanes

B Antocynes

C Angocynes

113. 在以下哪个葡萄酒产区酿酒师会使用费尔与杜拉斯这两个葡萄品种?

A 加亚克

B 佩夏蒙

C 贝尔热拉克

114. 伊顿顶级混酿是一款阿尔萨斯葡萄酒。

A 对

B 错

115. 下列哪一个美国总统的名字曾用来命名一个葡萄品种?

A 肯尼迪
B 约翰逊
C 克林顿

116. 在哪个世纪蒙马特出现了最早的葡萄树?

A 14世纪
B 15世纪
C 16世纪

117. 酒精发酵是什么?

A 糖分转变为酒精的过程
B 葡萄的着色
C 葡萄酒的酒精含量

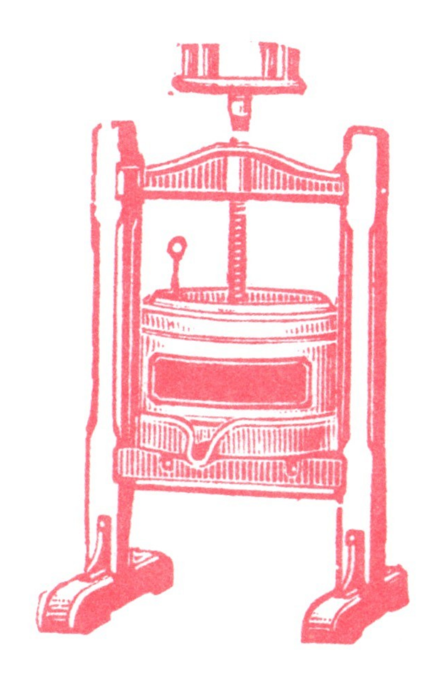

118. “黑腐病”是什么?

A 一种新西兰葡萄品种

B 一种酿造葡萄酒的技术

C 葡萄的一种病害

119. 酿造博若莱新酒运用的是以下哪种技术?

A 二氧化碳浸渍

B 直接压榨

C 酒膜下陈化

120. 莱昂葡萄酒是一款什么样的白葡萄酒?

A 低起泡葡萄酒

B 甜葡萄酒

C 干白葡萄酒

121. 葡萄渣的成分是什么？

A 葡萄皮与葡萄籽
B 葡萄肉与葡萄膜
C 葡萄的果梗与葡萄籽

122. 阿尔萨斯地区出产多少款上等葡萄酒？

A 49 款
B 50 款
C 51 款

123. 用琼瑶浆葡萄酿的“精选贵腐葡萄酒”含有的自然糖分最低应为多少？

A 236 g/L
B 256 g/L
C 279 g/L

124. 1935 年发生了什么事件？

A 国家原产地名称局创建

B 根瘤蚜虫侵入

C 圣·埃米利永上等葡萄酒评级标准创立

125. 一只博若莱大葡萄酒桶（Barrique）的容量是多少？

A 214 L

B 225 L

C 228 L

126. 黄葡萄酒是用哪种葡萄酿造的？

A 萨瓦涅葡萄

B 霞多丽葡萄

C 蓬萨尔葡萄

127. 下列哪一位歌手曾经将他的一张专辑命名为《共饮香槟》?

A 雅克·布雷尔

B 贝尔纳·拉维列

C 雅克·伊热兰

128. 夏尔-莫里斯·德塔列朗是以下哪一个酒庄出产的名酒的所有者?

A 木桐-罗斯柴尔德酒庄

B 拉菲酒庄

C 奥比昂酒庄

129. 诗南葡萄的另一个名称是?

A 欧尼斯葡萄

B 卢瓦尔河皮诺葡萄

C 白皮诺葡萄

130. 阿尔萨斯白葡萄酒以什么样的芳香为特色？

A 荔枝气味

B 菠萝气味

C 忍冬气味

131. 必须在葡萄酒瓶上标明葡萄酒酿造的年份。

A 对

B 错

132. 在一年中的哪个季节我们会形容“葡萄树哭了”？

A 秋天

B 春天

C 夏天

D 冬天

133. 在卢瓦尔河谷产区，容量为350 ml的葡萄酒瓶被命名为什么？

A　Une fillette

B　Une chopine

C　Un piccolo

134. 除了梅洛葡萄，哪一个品种的葡萄在圣-埃米利永种植得最多？

A　赤霞珠葡萄

B　品丽珠葡萄

C　小维铎葡萄

135. 邦多勒红葡萄酒必须在酒桶中酝酿18个月以上。

A　对

B　错

136. 下列哪一款葡萄酒是科莱特在她生命终结前期一直饮用并被她当作治疗自己无节制的生活习惯的良药？

A 布鲁依葡萄酒

B 伊甘葡萄酒

C 木桐-罗斯柴尔德葡萄酒

137. “添桶”意指什么？

A 用酒将酒桶灌满的工序

B 定期晃动葡萄酒的工序

C 向酒桶里加水的工序

138. 皮海岸的气候最适合种植博若莱葡萄酒所用葡萄中的哪一个品种？

A 弗俐叶葡萄

B 布鲁依葡萄

C 谢纳葡萄

D 摩根葡萄

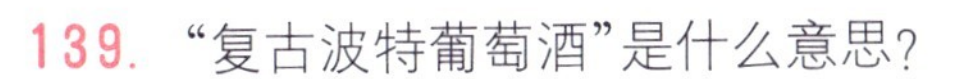

139. “复古波特葡萄酒”是什么意思?

A 新酿波特葡萄酒

B 波特白葡萄酒

C 标有酿造年份的波特葡萄酒

140. “放血法”酿造桃红葡萄酒是指什么?

A 葡萄汁与葡萄分离的桃红葡萄酒

B 压榨后的桃红葡萄酒

C 浸泡时间很短的桃红葡萄酒

141. 葡萄收获有一个官方规定的开始日期。

A 对

B 错

142. 下列哪位作家创作了《罗曼尼-康帝1935年》？

A 开高健

B 于贝尔·德·维莱纳

C 科莱特

143. 柏图斯葡萄酒出自下列哪一个葡萄酒产区？

A 梅多克

B 格拉夫

C 波美侯

144. 下列哪一个葡萄园位于勃艮第地区？

A 勒伊

B 品利

145. 歌曲《水与葡萄酒》的演唱者是谁?

A 凡妮莎·帕拉迪丝

B 里欧

C 韦罗妮克·桑索

146. 下列哪一个葡萄种植区的面积最大?

A 卢瓦尔河谷葡萄种植区

B 波尔多葡萄种植区

C 罗讷河谷葡萄种植区

147. 装瓶之前,黄葡萄酒应在酒桶中储存多长时间?

A 2 年 4 个月

B 6 年 3 个月

C 8 年 1 个月

148. 梅多克产区的哪一款葡萄酒的名称也同样是一个产区的名称?

A 玛歌

B 白马

C 拉图尔

149. “Œnographile”是什么意思?

A 葡萄酒标签收藏者

B 开塞钻收藏者

C 与葡萄酒相关物件收藏者

150. 我们可以形容一款葡萄酒“穿了迷你裙”。

A 对

B 错

151.《收葡萄农妇的晚餐》这幅画的作者是谁?

A 雷诺阿

B 马奈

C 毕沙罗

152.“Ampélographie”是什么意思?

A 土壤研究

B 葡萄苗木研究

C 葡萄酒历史研究

153.在红葡萄酒的酿造过程中，葡萄收获后的工序是什么?

A 破皮

B 陈化

C 压榨

154. 年轻的葡萄酒以带有动物气味家族的芳香为特色。

A 对

B 错

155. 四月份葡萄树的“发芽”是下面哪一个词?

A Elle rebourre

B Elle débourre

C Elle prébourre

156. “Nouaison”是指葡萄树的花转变为果实的过程。

A 对

B 错

157. “香槟不是用来喝的，而是用来品的。”这句话出自下列哪个名人？

A 莎拉·伯恩哈特
B 科莱特
C 塞维尼夫人

158. 勃艮第种植最多的红葡萄品种是下列哪一种？

A 品丽珠葡萄
B 梅诺葡萄
C 黑皮诺葡萄

159. 启蒙运动时代的哪一位哲人在波尔多地区拥有葡萄园？

A 卢梭
B 蒙田
C 伏尔泰
D 孟德斯鸠

160. 丹拿是一种葡萄品种。

A 对

B 错

161. 一只博若莱酒桶（Pot）的容量是多少？

A 375 ml

B 460 ml

C 500 ml

162. 卢瓦尔河谷产区的桑塞尔葡萄酒与武弗雷葡萄酒都是用同一品种的葡萄酿造的。

A 对

B 错

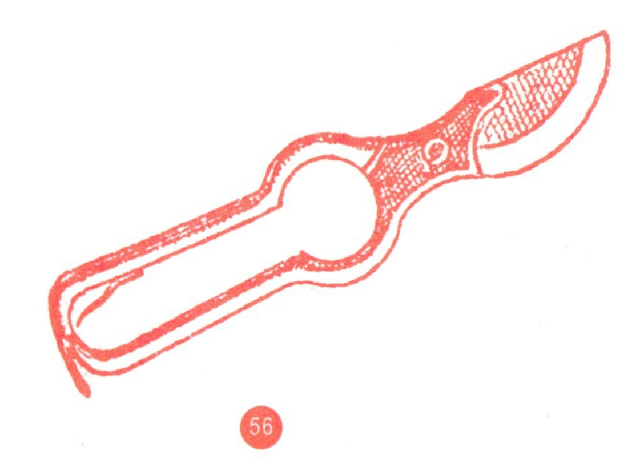

163. 标有年份的香槟酒在出售之前至少要在酒库中储存多长时间?

A 18 个月

B 24 个月

C 30 个月

D 36 个月

164. 纳帕谷位于美国的哪个地方?

A 圣弗朗西斯科北部

B 圣弗朗西斯科西部

C 圣弗朗西斯科南部

D 圣弗朗西斯科东部

165. 波尔多液是什么?

A 铜与熟石灰混合的杀真菌剂

B 硫与石灰浆混合的杀真菌剂

C 铜与含钠碳酸氢盐混合的杀真菌剂

166. 圣-于连葡萄酒产区有多少款上等葡萄酒?

A 10 款

B 11 款

C 12 款

167. 单宁酸中包含促进发酵的天然酵母。

A 对

B 错

168. 下列葡萄酒产区佩尔南-韦热莱斯名称的拼写哪一个是正确的?

A Pernant-vergelesses

B Pernend-vergelesse

C Pernand-vergelesses

D Pernand-vergelesse

169. “Clavelin”这种葡萄酒瓶的容量是多少？

A 620 ml

B 750 ml

C 1L

170. 以下三种葡萄酒，哪一种不存在？

A 桑塞尔桃红葡萄酒

B 博若莱桃红葡萄酒

C 罗地丘桃红葡萄酒

171. 封瓶口的金属帽上的玛利亚娜头像有何意义？

A 表明是法国葡萄酒

B 只是一种装饰

C 是一种印花税票

172. 下列哪一种是上等萨瓦红葡萄品种?

A 蒙得斯葡萄
B 佳美葡萄
C 阿尔地斯葡萄

173. 约瑟夫·佩塔斯是“伯恩慈济院葡萄酒拍卖会”的发起人。

A 对
B 错

174. 靓茨伯酒庄属于下列哪一个葡萄酒产区?

A 圣·埃米利永
B 格拉夫
C 波亚克

175. 勃艮第伊朗希产区中以一位伟大的罗马帝王的名字命名的葡萄品种是哪一种？

A 恺撒

B 奥古斯都

C 马克西米利安一世

D 康茂德

176. 下列哪一个葡萄酒产区名是不存在的？

A Muscadet-coteaux-de-la-loire

B Muscadet-sèvre-et-maine

C Muscadet-côte-de-grandlieu

D Muscadet-coteaux-d'ancenis

177. "Communard"是什么意思？

A 顽固的葡萄种植者

B 一种开胃酒

C 一种蚜虫的名称

178. 下列哪一个葡萄种植区位于澳大利亚？

A 索诺马谷
B 弗朗斯胡克谷
C 巴罗莎谷

179. 酿造红葡萄酒时需要使用哪一种尚未发酵的葡萄汁？

A 黑葡萄的白葡萄汁
B 白葡萄的白葡萄汁
C 黑葡萄的黑葡萄汁

180. 在哪个国家有专属于葡萄酒的测量单位“Puttonyos”？

A 德国
B 罗马尼亚
C 保加利亚
D 匈牙利

181. 下列哪一款葡萄酒不是勃艮第上等葡萄酒？

A　蒙特榭骑士葡萄酒

B　科尔通葡萄酒

C　菲克桑葡萄酒

182. 下列哪一种葡萄酒既不是香甜型葡萄酒又不是利口酒？

A　汝拉松

B　卡-德-肖姆

C　普罗旺斯海岸

183. 一杯高脚香槟酒杯所盛的香槟平均可以冒出多少气泡？

A　6 百万

B　9 百万

C　1.1 千万

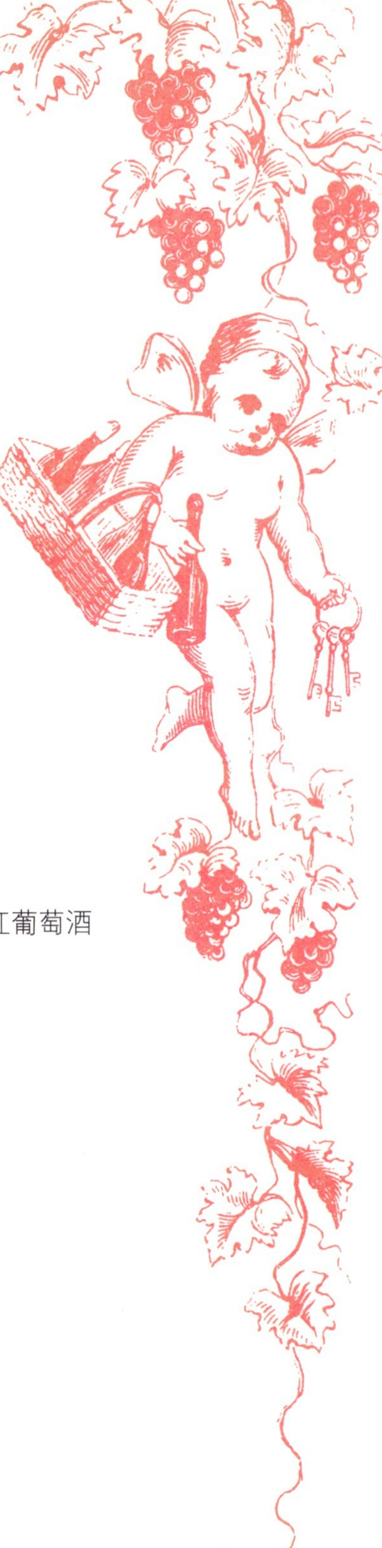

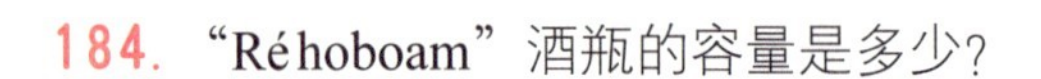
184. “Réhoboam”酒瓶的容量是多少？

A　4 L

B　4.5 L

C　5 L

185. 通过蒸馏葡萄汁而制成的烧酒是什么？

A　白兰地

B　葡萄渣蒸馏烧酒

C　普通烧酒

186. 圣佩雷产区同时可以生产白葡萄酒、红葡萄酒以及桃红葡萄酒。

A　对

B　错

187. 下列哪一个葡萄酒产区位于鲁西永地区？

A 吕内尔麝香葡萄酒

B 弗龙蒂尼昂麝香葡萄酒

C 米黑瓦麝香葡萄酒

D 里韦萨尔特麝香葡萄酒

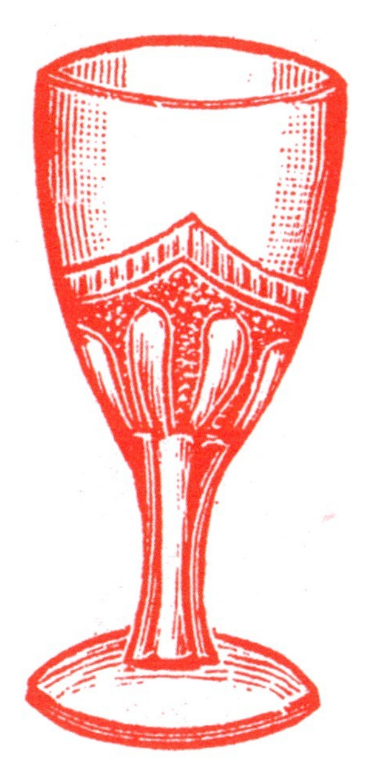

188. 有一个叫做“大路”的葡萄酒产区。

A 对

B 错

189. 歌海娜葡萄在哪种类型的土壤上生长得最好？

A 页岩

B 黏土

C 沙砾

D 花岗岩

190. 白葡萄酒中的白葡萄香槟与佩尔南–韦热莱斯白葡萄酒是用同一品种的葡萄酿造的。

A 对

B 错

191. 麝香葡萄酒是用哪种葡萄酿造的？

A 麝香葡萄

B 勃艮第葡萄

C 南特麝香葡萄

192. 人们为什么要在葡萄酒中添加硫？

A 它使葡萄酒带有果香。

B 它可以防止葡萄酒氧化。

C 它使葡萄产生更多的汁水。

193. 阿里高特是一个葡萄品种。

A 对

B 错

194. 1973 年，哪一款二级葡萄酒酒庄成了一级葡萄酒酒庄？

A 木桐-罗斯柴尔德酒庄

B 蒙特罗斯酒庄

C 宝马酒庄

195. 我们可以形容一款葡萄酒有烤肉气味。

A 对

B 错

196. “Oïdium”是什么?

A 昆虫引起的疾病

B 干旱引起的疾病

C 真菌引起的疾病

197. 下列哪一种葡萄酒不是桃红葡萄酒?

A 桑塞尔葡萄酒

B 汝拉松葡萄酒

C 昂斯尼葡萄酒

198. 下列哪一种葡萄酒在14 世纪被玛格丽特·德·弗兰德称为“情郎”?

A 香槟

B 苏玳白葡萄酒

C 莱昂甜葡萄酒

D 麦克温香甜葡萄酒

199. 葡萄酒的酒精度必须在酒瓶上标明。

A 对

B 错

200. 下列哪位作家创作了《醇酒集》？

A 波德莱尔

B 阿波利奈尔

C 魏尔伦

答案

1 A

出自拉乌尔·蓬雄（1848—1937）写的一首法语诗歌，他是龚古尔学院的成员。

2 B

勃艮第地区的白葡萄是霞多丽葡萄。当地的白葡萄酒是用霞多丽葡萄酿造的，也可用阿里高特白葡萄酿造这种白葡萄酒。

3 C

葡萄酒的熏烤气味通常是由储存葡萄酒用的酒桶带来的。箍桶匠在制造酒桶时可以控制酒桶的烧焦程度（轻度、中度与重度），这种葡萄酒烧焦气味比焙炒和烤面包的焦味更浓。

4 C

5 B

Botrytis cinerea 是一种叫粉孢菌的真菌。这种真菌会引起葡萄的贵腐反应，然后人们就可以用它来酿造苏玳白葡萄酒、巴锡葡萄酒、莱昂葡萄酒以及其他葡萄酒。贵腐反应后的葡萄颗粒变皱，呈浅灰色，水分蒸发，但是糖分增多。

6 C

古尔-舍维尼产区位于卢瓦尔河谷，罗莫朗坦是该产区唯一指定品种，这个产区是世界上唯一种植罗莫朗坦的地区。

7 A

佐竹城是 2006 年在法国出版的第一部关于葡萄酒的日本漫画

《美酒贵公子》的主人公。《神之水滴》是第二部同类型的日本漫画，现已在法国出版了。

8 A

这是一个西南地区的葡萄酒产区名。

9 B

这种葡萄酒是在葡萄发酵过程中加入中性酒精从而阻止其发酵后得到的。

10 C

狄俄尼索斯是希腊酒神，巴克斯才是罗马掌管葡萄酒的神灵。

11 B

12 A

科米特·兰什在1988年出版了这部作品。该作品讲述了他在法国众多葡萄园的参观游览经历，描述了他的感受和品酒的体验。

13 A

这是摩根产区使用的唯一的葡萄品种。

14 B

15 B

16 A

17 B

18 B

A 和 C 这两个葡萄酒品牌都属于勃艮第葡萄酒产区。

19 B

2005 年在法国上映的电影。

20 B

在葡萄酒吐泥的时候没有添加任何糖分。我们还可以用此表明这是一款不加糖的纯香槟。

21 A

没有标明酿造年份的香槟是用不同年份的葡萄酿造的。

22 A

23 B

含糖量为 60 ～ 90 g/L 的是利口酒。

24 C

25 C

这种类型的土壤使霞多丽葡萄酒带有一种浓郁而细腻的酒香。

26 A

这种土壤以其石化牡蛎壳的构成成分为特色。

27 C

这道工序要求向葡萄汁中加入糖分以增高酒精度。

28 A

这个机构管理法定产区葡萄酒。它是在1947年改成现在这一名称的。

29 B

30 C

31 A

这是唯一一个允许混合红、白两种葡萄来酿造葡萄酒的产区。

32 B

这是让香槟释放全部酒香的理想温度。

33 B

阿里高特白葡萄产于勃艮第地区，只用来酿造干白葡萄酒。

34 B

精选贵腐葡萄是指很晚才收获的，后来又发生了贵腐反应的葡萄。SGN这个标注多见于阿尔萨斯葡萄酒酒瓶上。

35 B

从1863年起，根瘤蚜虫几乎破坏了法国所有的葡萄园。

36 A

从 1980 年起，詹姆斯 · 邦德就开始饮用宝林歇香槟了。

37 A

每年都有一位新的艺术家为著名的木桐－罗斯柴尔德酒庄设计葡萄酒标签。包括科克托、莱昂诺尔 · 菲尼等。

38 C

路易十四将托卡依葡萄酒称为“国王的葡萄酒，葡萄酒的国王”。

39 A

40 B

该词来自瓦莱塔的让－路易 · 德 · 诺加雷，他是法国海军上将与法属圭亚那的政府领袖，是一个权力极大的人物。相传，从他城堡前经过的船只必须降下船帆以示忠诚。

41 A

这本书于 2008 年问世。

42 A

带有黄油味的葡萄酒指的是这款葡萄酒带有黄油气味的酒香，口感也很像黄油。这种酒香为勃艮第上等白葡萄酒所特有。

43 A

在葡萄被压榨后进行的发酵可以去掉强烈刺激的果酸，取而代之的是更甜美、柔和的乳酸。

44 A

45 A

去掉葡萄果梗的工序，被称为去梗。这个工序不是必不可少的，葡萄酒酿造者可自行选择。

46 B

47 B

由于葡萄汁都是白色的，所以我们也可以用黑葡萄来酿造白葡萄酒。

48 B

49 A

这是博若莱一个上等葡萄园。

50 B

亚历山大·弗莱明是青霉素的发明者。

51 A

52 B

主要在香槟与勃艮第地区使用。

53 B

54 A

55 C

1907 年，许多葡萄种植者反抗当时的政府，因为当时葡萄生产过剩，导致销售困难。

56 A

实际上，葡萄酒 70% ~ 80% 都是水分。

57 A

58 B

格里耶堡是法国唯一被单一酒庄主持有的葡萄酒产区品牌。这个葡萄酒品牌位于罗讷河谷，只用维欧尼葡萄酿造白葡萄酒。

59 A

60 A

61 B

这个标志表明葡萄属于葡萄种植者，葡萄酒的酿造也由葡萄种植者负责。

62 C

63 A

这是一个勃艮第地区葡萄酒产区名。

64 B

这两个葡萄酒产区分别位于卢瓦尔河的两岸。

65 B

66 A

67 C

68 A

议事司铎基尔发明了这种开胃酒，并将其提供给他的市民们饮用。（1945—1968 年期间，基尔任第戎市长。）

69 B

70 A

这是一个勃艮第地区葡萄酒产区名。

71 B

塞尚在 1890 年创作了这幅油画。

72 A

73 B

一种可以装下 9L 葡萄酒的玻璃酒瓶，容量是一般葡萄酒瓶的 12 倍。

74 A

这是除了黑皮诺葡萄以外在香槟地区种植得最多的葡萄品种。

75 C

这个品种的葡萄主要种植于西南地区。

76 C

77 B

78 C

这是唯一一个允许用如此多不同种类的葡萄酿造葡萄酒的法定葡萄酒产区。

79 A

机械采摘葡萄是绝对禁止的。

80 B

81 A

西施佳雅是一种意大利葡萄酒。

82 B

83 C

事实上，当葡萄的质量不是很好的时候，伊甘酒庄生产葡萄酒的时候不会使用自己的标签。

84 C

85 B

我们用 11 月甚至 12 月收获的霜冻葡萄来酿造“冰酒”。这种酒常见于德国和加拿大。

86 A

87 A

88 B

89 C

包括以下这些葡萄酒：摩根葡萄酒、谢纳葡萄酒、风磨葡萄酒、布鲁依葡萄酒、弗俐叶葡萄酒、朱丽娜葡萄酒、雷尼耶葡萄酒、圣阿穆尔葡萄酒、希露伯勒葡萄酒以及布鲁依海岸葡萄酒。

90 A

91 B

92 B

93 B

在法国的很多葡萄种植地区（阿尔萨斯、香槟等）和世界上很多地区（加利福尼亚、澳大利亚等）都有黑皮诺葡萄。

94 B

人们收获葡萄后就会进行去梗这道工序。这道工序使葡萄果实从果柄上分离下来。

95 C

这位女性是路易十五的至爱之一。

96 C

这种品种的葡萄占科西嘉岛所有葡萄品种的35%。

97 B

98 C

该酒产量较小，每年大约只有3 000瓶。

99 C

这是一个卢瓦尔河谷的葡萄酒产区名。

100 A

这种品种的葡萄占到总量的50%。

101 C

102 B

103 A

霜霉病表现为葡萄叶与葡萄树上出现长霉的现象。

104 B

105 A

这个葡萄园位于加利福尼亚的纳帕谷。

106 B

107 A

欧里庇得斯在公元前 406 年创作了这部悲剧。

108 B

这个名称出现于 1949 年。

109 C

110 A

维欧尼葡萄是孔德里约葡萄酒唯一指定的葡萄品种。

111 A

这个品牌的葡萄酒与贝尔热拉克葡萄酒很相似，只生产白葡萄酒。

112 A

花青素能使红葡萄酒显色。

113 A

这些是加亚克葡萄酒使用的典型的葡萄品种。

114 A

这是多种阿尔萨斯地区的葡萄混合酿成的葡萄酒。

115 C

116 B

蒙马特最早的葡萄树出现于 15 世纪末。

117 A

葡萄皮中含有的天然酵母成分使得这种转变得以生成。

118 C

这是一种由真菌引起的病害，以导致葡萄腐烂为特征。

119 A

在这项葡萄酒酿造程序中，不对葡萄进行压榨。

120 B

这是卢瓦尔河谷一个葡萄酒产区的酒。

121 A

122 C

从 2006 年起，阿尔萨斯产区就出产 51 种上等葡萄酒。

123 C

标注有“精选贵腐葡萄酒”的阿尔萨斯白葡萄酒所用的葡萄必须发

生过贵腐反应，并且葡萄应在第一次霜冻后再采摘。

124 A

125 B

在勃艮第地区，这种酒桶的容量是 228 L。

126 A

127 C

这张专辑于 1979 年问世。

128 C

塔列朗于 1801 年购买了奥比昂酒庄，在 1804 年又很快将其卖出。

129 B

这种品种的葡萄主要种植于卢瓦尔省。

130 A

这款葡萄酒还带有玫瑰与香料（丁香）的香气。

131 B

无论是法定产区葡萄酒还是普通餐酒，这种标注都不是必不可少的。

132 B

随着气温的回升，葡萄树的汁液从根部开始上升，随后从枝干上未愈合的伤口处流出。这就是葡萄树“流泪”的原因。

133 A

在勃艮第与波尔多，Chopine 的容量是 250 ml，Piccolo 的容量是 200 ml。

134 B

135 A

根据邦多勒葡萄酒产区法令规定，红葡萄酒在售出之前至少应在酒桶中酝酿 18 个月。

136 B

科莱特在她生命终结前期一直把伊甘酒庄的葡萄酒当作医治她无节制饮食习惯的药物。

137 A

向酒桶中添加葡萄酒来弥补蒸发的部分。

138 D

皮海岸的土壤成分特殊，是由分解的岩石构成的。

139 C

这款葡萄酒只有在特殊年份才能酿造。装瓶前要在酒桶中储存 2 年，装瓶后还要在葡萄酒瓶中继续酝酿。这款葡萄酒能储存很长时间。在正式标注为“复古葡萄酒”之前，葡萄酒生产商必须首先将自己的申请送交波特葡萄酒协会批准通过。

140 C

这是为了酿造最好的桃红葡萄酒所采用的葡萄酒酿造工序。缩短浸泡黑皮葡萄汁的时间，使葡萄酒微微显色。当葡萄酒的颜色变成我们想要的颜色，就将酒桶滗清。

141 A

我们将此称为“葡萄收获节”，这个日期由法国各地省政府发布政令确定。

142 A

这部作品于1993年在法国出版。

143 C

这个葡萄酒产区位于利布尔讷。

144 B

勒伊是一个卢瓦尔河南部的葡萄酒产区。

145 A

这是2000年的一张名叫《福佑》的专辑中的一首歌。

146 B

波尔多葡萄种植区的面积是121 500公顷。

147 B

148 A

149 A

在法国有一个全国葡萄酒标签收藏者协会。

150 A

要注意的是，我们不能用此来形容所有的葡萄酒。只有当一款葡萄酒的颜色极淡时，我们才能形容这款葡萄酒“穿了迷你裙”。

151 A

雷诺阿在 1888 年画了这幅油画。

152 B

这是一种关于葡萄苗木的研究，包括葡萄芽、树叶、葡萄、葡萄枝等。

153 A

这道工序旨在将葡萄压碎。

154 B

陈年葡萄酒才带有这种酒香。

155 B

此时葡萄树处于发芽阶段。这是植物生长周期的第一个环节。

156 A

157 B

158 C

159 D

伏尔泰在格拉夫产区拥有自己的葡萄园。

160 A

这是西南葡萄种植区特有的一种葡萄品种，常见于马迪朗产区。

161 B

162 B

桑塞尔白葡萄酒是用苏维翁葡萄酿造的，而武弗雷白葡萄酒是用诗南葡萄酿造的。

163 D

164 A

这是美国最著名的葡萄种植区。

165 A

这种杀真菌剂可以帮助葡萄树抵御疾病（由粉孢菌引起的植物病害和霜霉病）。答案 B 是一种南特农药，答案 C 是一种勃艮第农药。

166 B

圣-于连是 1855 年葡萄酒等级评判中拥有上等葡萄酒最多的产区。

167 B

天然酵母蕴藏于葡萄果霜中。

168 C

这是一个勃艮第葡萄酒产区名。

169 A

170 C

这款葡萄酒只有红葡萄酒。

171 C

172 A

最普遍的是蒙得斯葡萄。也有极少数佳美葡萄和阿尔地斯葡萄属于此类。

173 A

他原来是伯恩慈济院的管事。在 19 世纪后半叶，他向政府官员提议举办该著名的公开拍卖会。

174 C

175 A

176 D

葡萄酒品牌 Muscadet-coteaux-d’ancenis 是不存在的，只有 Coteaux-d’ancenis。

177 B

这是一种用红葡萄酒与黑加仑搀和而成的开胃酒。

178 C

这是澳大利亚最古老的葡萄种植区之一，位于澳大利亚南部的阿德莱德地区北部。A 位于美国，B 位于南非。

179 A

不管是白葡萄还是黑葡萄，葡萄汁总是白色的。有色葡萄汁是被黑葡萄的葡萄皮染成的。

180 D

该测量单位专属于著名的托卡依葡萄酒。

181 C

这是夜丘产区的一款很好的葡萄酒，但是这款葡萄酒并不是上等葡萄酒。

182 C

183 C

184 B

185 A

186 B

这个葡萄酒产区只酿造白葡萄酒以及起泡葡萄酒，位于北罗讷河谷。

187 D

另外三个选项都是朗格多克地区的葡萄酒产区名。

188 A

这是勃艮第夜丘产区的葡萄酒产区名。

189 A

用在这种土壤上种植的该品种的葡萄酿造的葡萄酒醇厚而酒香浓郁。最好的例子就是鲁西永的巴纽尔斯葡萄酒与玛丽香蜜葡萄酒。

190 A

都是用霞多丽葡萄酿造的。

191 B

192 B

要注意的是，硫的用量过大可能会产生有毒物质。

193 A

这是酿造勃艮第阿里高特葡萄酒的葡萄品种。

194 A

195 A

这种芳香是用发生过贵腐反应的葡萄酿造的葡萄酒所特有的。

196 C

这种疾病表现为葡萄树上出现浅灰色灰尘一样的物质。

197 B

这款葡萄酒只有白葡萄酒。

198 D

指一种汝拉地区的利口酒，在酿造过程中用葡萄渣抑制葡萄汁发酵，至少要在橡木酒桶中储存 18 个月。

199 A

200 B

阿波利奈尔在 1913 年创作的一本诗集。

了解更多的葡萄酒知识……

Agi, Tadashi et Okimoto, Shu, *Les gouttes de Dieu*, Glénat (2008).

Bompas, Olivier, *Les accords mets & vins*, Hachette Pratique (2008).

Bouvier, Michel, *La biodynamie dans la viticulture*, Jean-Paul Rocher éditeur (2007).

Casamayor, Pierre, *La dégustation*, Hachette Pratique (2008).

Casamayor, Pierre, *Le vin en 80 questions*, Hachette Pratique (2008).

Casamayor, Pierre, *L'école des alliances*, Hachette Pratique (2002).

Chauvet, Jules, *Études scientifiques*, Jean-Paul Rocher éditeur (2007).

Chauvet, Jules, *L'esthétique du vin*, Jean-Paul Rocher éditeur (2008).

Chebel, Malek, *Anthologie du vin et de l'ivresse en Islam*, Pauvert (2008).

Corcoral, Stéphane ; Matheson, Laurie et Seeman, Nicole, *Le petit livre à offrir à un amateur de vin*, Tana éditions (2008).

Coutier, Martine, *Dictionnaire de la langue du vin*, CNRS édition (2007).

Dictionnaire des vins de France, Hachette Pratique (2008).

Dion, Roger, *Le paysage et la vigne*, Payot (1990).

Dumay, Raymond, *La mort du vin*, La Table ronde (2006).

Fanet, Jacques, *Les terroirs du vin*, Hachette Pratique (2008).

France, Benoît, *Grand atlas des vignobles de France*, Solar (2008).

Galet, Pierre, *Dictionnaire encyclopédique des cépages*, Hachette Pratique (2000).

Galet, Pierre, *Les grands cépages*, Hachette Pratique (2006).

Garrier, Gilbert. *Histoire sociale et culturelle du vin*, Larousse (2008).

Girard-Lagorce, Sylvie, *Je ne sais pas goûter le vin*, J'ai Lu. (2007).

Gomez, Caroline et Quillet, Alice, *(petits) platsdiVINs*, Tana éditions (2007).

Hess, Reinhardt. Basic wine, *Le vin entre copains*, Solar (2004).

Joh, Araki ; Kaitani, Shinobu et Hori, Ken-Ichi, *Sommelier*, Glénat (2006).

Johnson, Hugh, *Une histoire mondiale du vin*, Hachette Littératures (2006).

Johnson, Hugh et Robinson, Jancis, *L'atlas mondial du vin*, Flammarion (2008).

Joly, Nicolas, *Le vin, la vigne et la biodynamie*, Sang de la Terre (2007).

Kladstrup, Donald et Kladstrup, Petie, *La guerre et le vin*, Perrin (2005).

Lebègue, Antoine, *À boire ou à garder*, Hachette Pratique (2007).

Lichine, Alexis, *Encyclopédie des vins & des alcools*, Robert Laffont (1998).

Lynch, Kermit, *Mes aventures sur les routes du vin*, Petite bibliothèque Payot (2008).

Matheson, Laurie et Seeman, Nicole, *Tout ce que les femmes ont toujours voulu savoir sur le vin sans jamais oser le demander...*, Tana éditions (2007).

Moisseeff, Michaël et Casamayor, Pierre, *Arômes du vin*, Hachette Pratique (2006).

Morel, François, *Le vin au naturel*, Sang de la Terre (2008).

More, François, *Les objets de la vigne et du vin*, De Borée (2007).

Motsch, Elisabeth, *Ciels changeants, menaces d'orages. Vignerons en Bourgogne*, Actes Sud (2005).

Nossiter, Jonathan, *Le goût et le pouvoir*, Grasset (2007).

Peynaud, Émile, *Le vin et les jours*, Grande bibliothèque Payot. (1996).

Peynaud, Émile et Blouin, Jacques, *Le goût du vin*, Dunod (2006).

Pasteur, Louis, *Études sur le vin*, Éditions Jeanne Laffite (réimpression de l'édition de Paris, 1875).

Pitte, Jean-Robert, *Bordeaux Bourgogne, les passions rivales*, Hachette Littératures (2007)

Pitte, Jean-Robert, *Le désir du vin à la conquête du monde*, Fayard (2009).

Ponchon, Raoul, *Spirilège*, Capaxios éditions (2008).

Rabelais, François, *Traité de bon usage de vin*, Allia (2009).

Rézeau, Pierre, *Dictionnaire des noms de cépages de France*, CNRS éditions (2008).

Saverot, Denis et Simmat, Benoist, *In vino satanas*, Albin Michel (2008).

Van der Putt, Jérôme, *Vin bio mode d' emploi*, Jean-Paul Rocher éditeur (2008).

图书在版编目（CIP）数据

葡萄酒趣味测试 /（法）格勒卢编著；殷芹译．— 南京：译林出版社，2014.9
ISBN 978-7-5447-4819-3

Ⅰ．①葡… Ⅱ．①格… ②殷… Ⅲ．①葡萄酒-基本知识 Ⅳ．①TS262.6

中国版本图书馆CIP数据核字（2014）第126933号

Original title：Le coffret vin

著作权合同登记号 图字：10-2013-390 号

书　　名　葡萄酒趣味测试
编　　著　〔法国〕索菲 · 格勒卢
译　　者　殷　芹
责任编辑　陆元昶
特约编辑　武中豪
原文出版　Tana éditions，2009
出版发行　凤凰出版传媒股份有限公司
　　　　　译林出版社
出版社地址　南京市湖南路1号A楼，邮编：210009
电子信箱　yilin@yilin.com
出版社网址　http://www.yilin.com
印　　刷　北京凯达印务有限公司
开　　本　889×1270毫米　1/16
印　　张　6
字　　数　20千字
版　　次　2014年9月第1版　2014年9月第1次印刷
书　　号　ISBN 978-7-5447-4819-3
定　　价　28.00 元
译林版图书若有印装错误可向承印厂调换